BEI GRIN MACHT SICH IHR WISSEN BEZAHLT

- Wir veröffentlichen Ihre Hausarbeit, Bachelor- und Masterarbeit

- Ihr eigenes eBook und Buch - weltweit in allen wichtigen Shops

- Verdienen Sie an jedem Verkauf

Jetzt bei www.GRIN.com hochladen und kostenlos publizieren

GRIN

Bibliografische Information der Deutschen Nationalbibliothek:

Die Deutsche Bibliothek verzeichnet diese Publikation in der Deutschen National-
bibliografie; detaillierte bibliografische Daten sind im Internet über http://dnb.d-
nb.de/ abrufbar.

Dieses Werk sowie alle darin enthaltenen einzelnen Beiträge und Abbildungen
sind urheberrechtlich geschützt. Jede Verwertung, die nicht ausdrücklich vom
Urheberrechtsschutz zugelassen ist, bedarf der vorherigen Zustimmung des Verla-
ges. Das gilt insbesondere für Vervielfältigungen, Bearbeitungen, Übersetzungen,
Mikroverfilmungen, Auswertungen durch Datenbanken und für die Einspeicherung
und Verarbeitung in elektronische Systeme. Alle Rechte, auch die des auszugsweisen
Nachdrucks, der fotomechanischen Wiedergabe (einschließlich Mikrokopie) sowie
der Auswertung durch Datenbanken oder ähnliche Einrichtungen, vorbehalten.

Impressum:

Copyright © 2017 GRIN Verlag
Druck und Bindung: Books on Demand GmbH, Norderstedt Germany
ISBN: 9783668928244

Dieses Buch bei GRIN:

https://www.grin.com/document/468694

Lena-Johanna Schmidt

Welche Motive gibt es für den beruflichen Wiedereinstieg nach der Elternzeit für Paare?

GRIN Verlag

GRIN - Your knowledge has value

Der GRIN Verlag publiziert seit 1998 wissenschaftliche Arbeiten von Studenten, Hochschullehrern und anderen Akademikern als eBook und gedrucktes Buch. Die Verlagswebsite www.grin.com ist die ideale Plattform zur Veröffentlichung von Hausarbeiten, Abschlussarbeiten, wissenschaftlichen Aufsätzen, Dissertationen und Fachbüchern.

Besuchen Sie uns im Internet:

http://www.grin.com/

http://www.facebook.com/grincom

http://www.twitter.com/grin_com

Justus-Liebig-Universität Gießen

Exposé zum Forschungsprojekt

„Welche Motive gibt es für den beruflichen Wiedereinstieg nach der Elternzeit für Paare?"

Fachbereich 09
Modul MK 75 – Methoden und Theorien der Sozial- und Verbrauchsforschung

Autorin: Lena-Johanna Schmidt
Abgabe: Gießen, 26. Januar 2017

Inhaltsverzeichnis

Abkürzungsverzeichnis

Abb.	Abbildung
BMFSFJ	Bundesministerium für Familie, Senioren, Frauen und Jugend
DGB	Deutscher Gewerkschaftsbund
etc.	et cetera
Hg.	Herausgeber
OECD	Organisation for Economic Co-operation and Development
z.B.	zum Beispiel

Abbildungsverzeichnis

1. Problemstellung

Die Müttererwerbsquote ist in den vergangenen Jahren deutlich angestiegen. Lag sie im Jahr 2008 bei etwa 65% der Mütter zwischen 25 und 60 Jahren, so liegt sie im Jahr 2010 bei 71% (BMFSFJ (Hg.) 2013, S. 10). Die vorausgehende Erwerbsunterbrechung aufgrund der Geburt eines Kindes dauert bei 59% der Wiedereinsteigerinnen weniger als drei Jahre (BMFSFJ (Hg.) 2013, S. 14). Der Wiedereinstieg und die Entscheidung zu diesem stellt einen (häufig über mehrere Jahre andauernden) Prozess dar, an dem die gesamte Familie direkt oder indirekt beteiligt ist (Bundesministerium für Familie, Senioren, Frauen und Jugend (BMFSFJ) (Hg.) 2010; BMFSFJ (Hg.) 2013, S. 6).

Dieser Anstieg ist unter anderem auf rechtliche Änderungen, wie zum Beispiel die Einführung des Elterngeldes im Jahr 2007 zurückzuführen, durch die der Anteil der Väter, die die Elternzeit in Anspruch nahmen um über 30% anstieg (Statistisches Bundesamt (Hg.) 2008, 2016). Die Väter, die ihre Erwerbsarbeitszeit zugunsten der Sorgearbeit (*Care*) für ihre Kinder verringern, werden in verschiedenen Studien als „neue" Väter bezeichnet (Abel und Abel 2009; Ehnis 2009; Döge und Volz 2002; Walter 2002; Zulehner 2004). In einer aktuellen Studie des Bundesministeriums für Familie, Senioren, Frauen und Jugend (BMFSFJ) geben zudem circa 70% der Väter an, dass sie deutlich mehr Sorgearbeit leisten als die Väter ihrer Elterngeneration. Überdies äußert jeder zweite, dass er sich die Betreuung der Kinder mit seiner Partnerin teilen möchte. Die Reduktion der Erwerbsarbeit darf ihren beruflichen Erfolg jedoch nicht minimieren (BMFSFJ (Hg.) 2016a).
Trotz dieser Entwicklungen sehen Männer die Erwerbsunterbrechung der Frau als „normal" an, bezogen auf sich selbst bezeichnen sie eine Erwerbsunterbrechung zugunsten der Sorgearbeit als Irregularität (BMFSFJ – Perspektive Wiedereinstieg, Frauen 2010 S.10).

Auf diesen Rollenbildern basiert die Verteilung der einzelnen Familienmodelle. Zwar möchten 84% der Mütter erwerbstätig sein, sei es im „gleichgestellten Modell" oder im „traditionellen Zuverdienermodell", in welchem die in Teilzeit beschäftigte Mutter die Hauptverantwortung für die Sorgearbeit trägt, während der Vater den Großteil der Erwerbsarbeit leitet, um das Haushaltseinkommen zu sichern. Nur 16% der Mütter bevorzugen in der Umfrage das „traditionelle Ernährermodell" (BMFSFJ (Hg.) 2010). In der Realität ist der Mann in 65% der Partnerschaften der Hauptverdiener (BMFSFJ (Hg.) 2013, S. 36).
Einer der Gründe für diese Verteilung ist die sogenannte *Gender-Pay-Gap*, da meist der Partner mit dem höheren Einkommen - das ist in 90% der Fälle der Mann – weiter arbeitet, da für ihn ökonomisch-rational gesehen die höheren Opportunitätskosten anfallen, wenn er sich für eine familienbedingt Auszeit entscheidet (Wippermann 2016; Sundström und Duvander 2002; Oberndorfer und Rost 2002; Connelly und Kimmel 2007).

Ungeachtet dieses Zustandes geben in einer Studie des BMFSFJ 41% der Frauen und 48% der Männer an, dass in ihrer Beziehung weitgehend Parität besteht. Die gleiche Studie besagt jedoch auch, dass 58% der Frauen im Allgemeinen der Meinung sind, dass die Gleichstellung der Geschlechter heute noch nicht verwirklicht ist (BMFSFJ (Hg.) 2016b, S. 70–72).

Im Jahr 2007 sind die meisten Aufgaben im Haushalt durch die Frau erledigt worden. 2015 sind diese Zahlen ist fast allen Tätigkeitsfeldern in der Haus- und Sorgearbeit signifikant zurückgegangen. Trotz dieses Rückgangs liegt der Anteil bei vielen dieser Tätigkeitsfelder über 50% (BMFSFJ (Hg.) 2016b, S. 71). In einer Umfrage im Jahr 2013 stellte das BMFSFJ zudem fest, dass Frauen die Unterstützung, die ihr Partner ihnen bei der Haus- und Sorgearbeit zugesichert hat, um sie im beruflichen Wiedereinstieg zu unterstützen, in der Realität kaum beziehungsweise gar nicht festzustellen ist (BMFSFJ (Hg.) 2013).

80% der Mütter geben an, dass sie die gesamte, beziehungsweise den größten Teil der Sorgearbeit übernehmen (Institut für Demoskopie (Hg.) 2008). Entscheidet sich die Frau für den Wiedereinstieg in den Beruf, konkurrieren Erwerbs- und Sorgearbeit um die zeitlichen und energetischen Ressourcen (Deutscher Verein für öffentliche und private Fürsorge (Hg.) 2009). Neben dieser dauerhaften Mehrfachbelastung, die neben der mangelnden Unterstützung innerhalb der Familie auch aus einem hohen, unterschätzten Arbeitszeitvolumen resultiert, treten häufig weitere Herausforderungen beziehungsweise Barrieren auf, die die Vereinbarkeit von Familie und Beruf erschweren (OECD (Hg.) 2005; BMFSFJ (Hg.) 2013, S. 32).

Weitere Barrieren sind der Wettbewerbsnachteil der Frauen (resultierend aus der Unterbrechung der Erwerbstätigkeit und dem fortgeschrittenen Alter), veraltetes berufliches Wissen (Diener et al. 2013a), nicht ausreichende Betreuungsmöglichkeiten für die Kinder (in Bezug auf Anzahl, Organisation, Öffnungszeiten, Kosten) (BMFSFJ (Hg.) 2010; Wippermann 2016), nicht-übereinstimmende Erwartungen der Frauen und der Arbeitgeber (BMFSFJ (Hg.) 2013, S. 6) sowie der Widerstand in Betrieben, wenn der Mann in Elternzeit gehen möchte ((Puchert und Abril 2005, S. 84; Döge und Behnke 2005, S. 40; Wippermann 2016), da Väter, die sich aktiv an der Sorgearbeit beteiligen, für Unternehmen schwerer vorstellbar sind, als Mütter (Schmidt 2004, S. 23). Aufgrund der Barrieren sind Frauen nach dem Wiedereinstieg häufig in Teilzeitarbeit tätig (BMFSFJ (Hg.) 2016b, S. 18).

Insgesamt 50% der Frauen zwischen 30 und 50 Jahren sehen sich mit hohe Hürden konfrontiert, um Beruf und Familie zu vereinbaren (BMFSFJ (Hg.) 2016b, S. 50–51). Unter anderem deshalb denken 1/3 der Wiedereinsteigerinnen nach der Rückkehr in die Erwerbstätigkeit über ein erneutes Ausscheiden aus dem Beruf nach (BMFSFJ (Hg.) 2013, S. 6). Um den Wiedereinstieg zu bewältigen benötigen Frauen Kompetenzen, wie zum Beispiel Empowerment, Mut und Durchsetzungsfähigkeit, mit denen sie Entscheidungen bezüglich ihres weiteren Lebensverlaufs treffen können (BMFSFJ (Hg.) 2016b, S. 8). Dabei werden sie durch Projekte wie zum Beispiel die „Perspektive Wiedereinstieg" des BMFSFJ (seit 2009) unterstützt (Diener et al. 2013a).

Der berufliche Wiedereinstieg verläuft nicht bei jeder Frau gleich, da ihre Lebensverläufe nicht „standardisiert" sind (BMFSFJ (Hg.) 2013, S. 7). Frauen mit niedrigem Einkommen und ostdeutsche Frauen kehren häufiger in das Berufsleben zurück (Geyer et al. 2012; Wrohlich und Berger 2012), je älter eine Frau bei der Geburt ihres Kindes ist, desto länger unterbricht sie die Erwerbstätigkeit (Elsas et al. 2013, S. 128) und je höher ihr Bildungsniveau ist, desto eher beendet sie die erwerbslose Zeit (Drasch 2013; Elsas et al. 2013; Grunow et al. 2011; Ziefle 2009). Frauen aus älteren Generationen sehen die Erwerbsunterbrechung beziehungsweise den Erwerbsabbruch als „Normalfall" an, jüngere Frauen hingegen möchten möglichst schnell in die Erwerbstätigkeit zurückkehren (BMFSFJ (Hg.) 2010, S. 9–10).

Der Wiedereinstieg ist abhängig von sozialen Milieus/*Sinus-Milieus* (Wippermann 2016, 27ff). Die *Sinus-Studien* zeigen die Pluralität der weiblichen Lebensverläufe: „es gibt heute nicht – mehr – *die* Wiedereinsteigerin und auch die Umstände für einen beruflichen Wiedereinstieg unterscheiden sich von Frau zu Frau" (BMFSFJ (Hg.) 2010, S. 10). Grund dafür sind unter anderem die unterschiedlichen „Lebensentwürfe" der Frauen, ihre heterogenen Vorstellungen einer Partnerschaft und die Handhabung der Ambivalenz zwischen dem gewünschten und dem tatsächlichen Verlauf des Lebens, in welchem der Mann Karriere macht, während die Frau die Sorge- und Hausarbeit leistet (BMFSFJ (Hg.) 2010, S. 10).

2. Forschungsstand

Im Bereich der qualitativen Familienforschung galten Männer in den letzten Jahrzehnten als das „vernachlässigte Geschlecht" (Tölke 2005). Die Veröffentlichungen über Väter steigen aber seit den 1970er Jahren kontinuierlich an (Mühling und Rost 2007, S. 12) und sollen in diesem Projekt mit der Frauenforschung verbunden werden.

Die Einstellung des Vaters und seine Meinung bezüglich des Wiedereinstieges seiner Frau in den Beruf sind vor allem durch folgende Faktoren bedingt: dem Arbeitszeitumfang der Partnerin nach der Elternzeit, der Orientierung beziehungsweise das Leitbild des Paares, der beruflichen Qualifikation der Partnerin, der Anzahl der Kinder, der Einkommenshöhe beider Elternteile und den betrieblichen Bedingungen (DGB Bundesvorstand 2015).

In den aktuellen Studien zeigt sich eine Vielzahl an Motiven von Frauen, die für den Wiedereinstieg in der Erwerbstätigkeit sprechen. Dazu zählen unter anderem immaterielle Motive, wie der Wunsch die eigenen Fähigkeiten wieder stärker zu nutzen und weiter zu entwickeln, der Wunsch nach mehr gesellschaftlicher Anerkennung, sozialen Kontakten, Abwechslung und Selbstverwirklichung sowie das Gefühl des „Nicht-Ausgelastet-Seins", sozialer Druck, aber auch materielle Gründe wie die finanzielle Altersvorsorge und die Existenzsicherung der Familie (Diener et al. 2013a, 2013b, S. 38). Bis 2010 gewannen vor allem die materiellen Motive an Bedeutung hinzu (durch das veränderte Rollenbild der Frau und die Finanz-/Wirtschaftskrise) (BMFSFJ (Hg.) 2013, S. 21). Der Ehepartner unterschätzt die materielle Motivation seiner Partnerin, er sieht vor allem das immaterielle Motiv des Selbstwertgefühls im Vordergrund (BMFSFJ (Hg.) 2013, S. 24). 2016 haben die Motive Selbstwertgefühl, finanzielle Unabhängigkeit, finanzielle Sicherung im Alter und Existenzsicherung der Familie zugenommen (BMFSFJ (Hg.) 2016b, 23ff).

Die im vorausgehenden Abschnitt erwähnten Studien betrachten jedoch ausschließlich die Motive der Frau und die Einschätzung ihres Partners zu diesen Motiven und deren Bedeutung. Es mangelt jedoch an Studien, welche sich mit dem gemeinsamen Entscheidungsfindungsprozess des Paares befassen und die gemeinsamen Motive sowie die Beeinflussung der beiden Personen in der Partnerschaft in diesem Prozess betrachten.

3. Fragestellung

Wie in Kapitel 1 und 2 geschildert bestehen viele unterschiedliche Motive für Frauen wieder in die Erwerbstätigkeit zurückzukehren, die in unterschiedlichen Studien herausgearbeitet worden sind. Auch Männer sind in den vergangenen Jahren häufig bezüglich der Themen Elternzeit und dem Wiedereinstieg ihrer Partnerin in den Beruf nach der Elternzeit befragt worden. Die Studienlage beschränkt sich jedoch auf die Motive der Frauen, in den Beruf zurück zu kehren sowie die Einstellung ihrer Partner zu diesem Thema. Paare sind demnach immer getrennt betrachtet und befragt worden. Als Folge daraus stellt sich die Frage, wie Paare die Entscheidung bezüglich des beruflichen Wiedereinstiegs der Frau gemeinsam treffen.

Die Erkenntnisse des geplanten Projektes werden im Hinblick auf die Fragestellung:

„Was sind die Motive für einen beruflichen Wiedereinstieg nach der Elternzeit für Paare?"

ausgewertet.

Wie in Kapitel 5 ausführlicher besprochen wird, werden die Paare gemeinsam zu ihren Motiven befragt. Dabei interessieren besonders folgende Teilfragen:

1. Welche Motive hatte die Frau wieder in den Beruf einzusteigen? Welche Motive hatte ihr Partner sie dabei zu unterstützen/sie nicht zu unterstützen?

2. Wie wurde die Entscheidung zum beruflichen Wiedereinstieg getroffen? War es eine gemeinsame Entscheidung oder hat sich einer der beiden Partner durchgesetzt?

3. Hängen die getroffenen Entscheidungen, die den beruflichen Wiedereinstieg betreffen mit den vorausgegangenen Entscheidungen bezüglich der Elternzeit zusammen?

Im folgenden Kapitel werden die Hintergründe sowie Erkenntnisinteresse und Zielsetzung bezogen auf die Teilfragen und die Hauptfragestellung näher erläutert.

4. Zielsetzung und Erkenntnisinteresse

Ziel des Forschungsprojektes ist es, Motive des beruflichen Wiedereinstiegs für Paare in Form von Hypothesen herauszuarbeiten. Im Vordergrund steht dabei die Frage, wie die Paare gemeinsam entscheiden, ob, wann und in welcher Form die Mutter nach der Elternzeit wieder in den Beruf einsteigt und wie sie sich im Prozess der Entscheidungsfindung gegenseitig beeinflusst haben. Haben sie Beide als Paar die gleichen beziehungsweise ähnliche Motive? Stehen bei Männern möglicherweise andere Motive im Vordergrund als bei Frauen? Und wer von beiden setzt seine Motive und Entscheidungen letztendlich durch?

Es ist möglich, die Hypothesen mit mehreren Studien des BMFSFJ und aus diesen gewonnenen Sekundärdaten zu vergleichen und so die Entwicklungen im Verlauf der Jahre, im Besonderen bezogen auf die sogenannten „neuen Väter" (siehe Kapitel 1), deren Einstellungen, Ziele und Einfluss.

Im Laufe der Befragung und der Auswertung kann zudem der Einfluss verschiedener Parameter betrachtet werden, die die Entscheidungsfindung beeinflusst haben können. Dazu zählen zum Beispiel die bisherigen Lebensverläufe der Paare, ihre Entscheidungen bezüglich der Dauer der Elternzeit pro Partner und die Rahmenbedingungen des Wiedereinstiegs der Frau in den Beruf. Zudem lassen sich womöglich Unterschiede zwischen den einzelnen „Wiedereinsteigerinnen" aufgrund ihrer persönlichen Lebensverläufe finden.

Es besteht die Möglichkeit, die Hypothesen am Ende der Auswertung in verschiedene Schemata einzuordnen. Beispiele dafür sind die Sinus-Milieus und die damit in Zusammenhang stehenden Familienmodelle (siehe Kapitel 1), die Maslow`sche Bedürfnispyramide oder auch das haushälterische Dreieck nach Rosemarie von Schweitzer (Abb. 1).

Das „haushälterische Dreieck" besteht aus den drei Kategorien Wertorientierungen, Ressourcen und Handlungsalternativen. Diese Kategorien liegen jeder Entscheidung oder Handlung, die den Haushalt betrifft - dementsprechend auch der Entscheidung zum beruflichen Wiedereinstieg – zugrunde (Schweitzer 1991, 137ff).

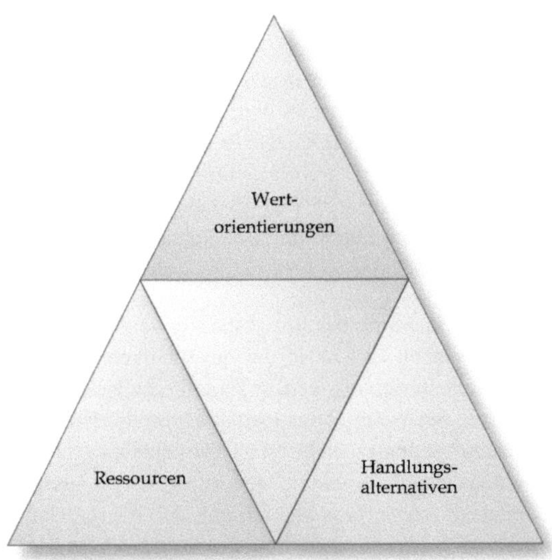

Abbildung 1. Das haushälterische Dreieck (nach: Schweitzer 1991, 137ff).

Die erstellten Hypothesen bezüglich der Motive der Paare für den Wiedereinstieg der Frau in den Beruf lassen sich für weiterführende Studien und Projekte nutzen. Denkbar ist unter anderem eine quantitative Studie mit längerer Dauer und einem deutlich höheren Stichprobenumfang in Gesamtdeutschland, um die Hypothesen dieses Projektes auf Bundesebene zu verifizieren oder zu falsifizieren. Ergebnisse dieser Studien können unter anderem genutzt werden, um das in Kapitel 1 angesprochene Projekt „Perspektive Wiedereinstieg" zu unterstützen und so Frauen und deren Familien bei dem Wiedereinstieg in den Berufsalltag zu fördern.

5. Methoden und Material

Die Primärdaten für das Projekt werden in insgesamt zehn qualitativen, leitfadengestützten Interviews erhoben. In jedem dieser Interviews wird jeweils ein rekrutiertes Paar befragt. Die Pärchen melden sich auf Aushänge, die in Gießener Kindertagesstätten verteilt werden. Für die ausgewählten Pärchen werden folgende Kriterien festgelegt:
Beide Personen sind im Alter zwischen 25 und 45 Jahren, sind aktuell berufstätig und die Mutter hat in den vorausgegangenen Jahren ihre Erwerbstätigkeit unterbrochen, um Sorgearbeit für ihr Kind zu leisten. Es gibt keine weitere Eingrenzung der Gruppe.

Die Zielsetzung des geplanten Projektes begünstigt die Verwendung qualitativer Methodik, da das Prinzip der Offenheit gegeben ist, das in der quantitativen Methodik keine Beachtung findet. In der qualitativen Sozialforschung werden Hypothesen generiert, statt sie zu verifizieren oder zu falsifizieren, um „den Wahrnehmungstrichter empirischer Sozialforschung so weit wie möglich offen zu halten" (Lamnek 2005, 21ff). Die qualitative Forschungsmethode gestattet, dass „auch hypothetisch nicht erwartete, unvorhergesehene Ereignisse als Verhaltensweisen, Meinungsäußerungen, etc." erfasst werden und der Wissenschaftler „zu weiter- und tiefergehenden Erkenntnissen gelangen kann" (Lamnek 2005, S. 571).
Im Vordergrund der qualitativen Sozialforschung steht die Betrachtung von Situationen beziehungsweise Handlungsabläufen im alltäglichen Umfeld. Das Interview ist dabei ein offener Prozess, der jedoch anhand von Vorüberlegungen (z.B. dem Leitfaden zum Interview) methodisch kontrolliert abläuft. (Mayring 2016, S. 22).

Die in den Interviews gewonnenen Primärdaten werden nach dem Prinzip der qualitativen Inhaltsanalyse ausgewertet. Diese Methode richtet sich nach dem „9-Stufen-Modell" nach (Mayring 2003) Das Ziel der Analyse besteht darin, die Primärdaten zu reduzieren und zu bündeln, um sie im Anschluss eine oder mehrere Hypothese(n) zu generieren. Das qualitative Interview gewinnt zunehmend an Bedeutung, da einerseits verlässliche Methoden zur Auswertung bestehen und andererseits ein Interview meist problemloser zu verwirklichen ist, als der direkte Zugang zum sozialen Feld (z.B. in Form einer teilnehmende Beobachtung) (Lamnek 2005).

Die Interviews sind offen und teilstandardisiert. Das heißt, dass in der Vorarbeit zu den Interviews ein Leitfaden zur Interviewführung erstellt worden ist, der offen gestellte Fragen beinhaltet, von dem aber - wenn nötig - abgewichen werden kann.

Dieser Leitfaden wird anhand des SPSS-Schemas (Sammeln, Prüfen, Sortieren, Subsumieren) (Helfferich 2011, S. 182–189) erstellt. Zunächst werden allgemeine Fragen gesammelt und notiert. Im folgenden Schritt werden Faktenfragen aussortiert. Diese können mittels eines kurzen, zusätzlichen Fragebogens von den Pärchen beantwortet werden. Die endgültigen Fragen sind nach inhaltlichen Schwerpunkten zusammengefasst und in mehrere einzelne, offene Fragen gebündelt. Die Protokollierung der Interviews wird mittels der Aufnahmefunktion eines Mobiltelefons als Audiodatei erfolgen.

Im Anschluss an jedes Interview wird ein zuvor entworfenes Postskriptum durch den Forscher/die Forscherin ausgefüllt. Hier werden räumliche, zeitliche Umstände des Interviews festgehalten. Zusätzlich dazu Notizen zur Interviewsituation, besonderen Vorkommnissen, Gesprächen und Handlungen vor und nach Ein-/Ausschalten des Aufnahmegerätes, dem Verhalten des Interviewers. Die Audiodatei der Interviews wird mittels einer Transkription mit Hilfe der Software MAXQDA ausgewertet. Die verwendeten Transkriptionsregeln orientieren sich an den Onlinematerialien zu Lamnek (2010).

Die für die Inhaltsanalyse ausgewählte Analysetechnik der inhaltlichen Strukturierung dient dazu, das Material zu einzelnen Inhaltsbereichen zu separieren und zu subsumieren (Lamnek 2010, S. 478). Die Kategorien für den Analyseprozess werden zunächst deduktiv gebildet. Nach einer ersten Einordnung der einzelnen Aussagen werden die Kategorien überarbeitet. Einige Kategorien - ohne Bezugspunkte im Text - werden entfernt und weitere Kategorien anhand des Transkripts (induktiv) neu gebildet.

Letztendlich werden die Ergebnisse der Inhaltsanalyse in Form einer oder mehrerer Hypothesen zusammengefasst und in das in Kapitel 4 beschriebene „Haushälterische Dreieck" eingeordnet.

6. Literatur

Abel, Falk; Abel, Jeannette (2009): Zwischen neuem Vaterbild und Wirklichkeit. Die Ausgestaltung der Vaterschaft bei jungen Vätern ; Ergebnisse einer qualitativen Studie. In: Vaterwerden und Vatersein heute : neue Wege - neue Chancen! Gütersloh: Verl. Bertelsmann-Stiftung, S. 231–249.

BMFSFJ (Hg.) (2010): Perspektive Wiedereinstieg. Ziele, Motive und Erfahrungen von Frauen vor, während und nach dem beruflichen Wiedereinstieg. Unter Mitarbeit von Katja Wippermann, Dr. Carsten Wippermann und Sinus Sociovision GmbH. 4. Aufl. o.O.

BMFSFJ (Hg.) (2013): Zeit für Wiedereinstieg - Potenziale und Perspektiven. Unter Mitarbeit von Prof. Dr. Carsten Wippermann und DELTA-Institut für Sozial- und Ökologieforschung GmbH. 3. Aufl. o.O.

BMFSFJ (Hg.) (2016a): Mehr Zeit für die Familie: Väter und das EltergeldPlus. 1. Aufl. o.O.

BMFSFJ (Hg.) (2016b): Mitten im Leben. Wünsche und Lebenswirklichkeiten von Frauen zwischen 30 und 50 Jahren. Unter Mitarbeit von Dr. Carsten Wippermann und DELTA-Institut für Sozial- und Ökologieforschung GmbH. o.O.

Bundesministerium für Familie, Senioren, Frauen und Jugend (BMFSFJ) (Hg.) (2010): Perspektive Wiedereinstieg. Ziele, Motive und Erfahrungen von Frauen vor, während und nach dem beruflichen Wiedereinstieg. 4. Aufl. Berlin.

Connelly, Rachel; Kimmel, Jean (2007): Spousal influences on parents' non-market time choices. Bonn: IZA (Discussion paper series / Forschungsinstitut zur Zukunft der Arbeit, 2894). Online verfügbar unter http://ftp.iza.org/dp2894.pdf.

Deutscher Verein für öffentliche und private Fürsorge (Hg.) (2009): Empfehlungen des Deutschen Vereins zur Vereinbarkeit von Familien- und Erwerbsleben. Online verfügbar unter https://www.deutscher-verein.de/de/uploads/empfehlungen-stellungnahmen/dv-04-09.pdf, zuletzt geprüft am 21.01.2018.

DGB Bundesvorstand (Hg.) (2015): Väter in Elternzeit. Ein Handlungsfeld für Betriebs- und Personalräte. o.O.

Diener, Katharina; Götz, Susanne; Schreyer, Franziska; Stephan, Gesine (2013a): Beruflicher Wiedereinstieg mit Hürden. Lange Erwerbsunterbrechungen von Frauen. In: *IAB-Kurzbericht : aktuelle Analysen aus dem Institut für Arbeitsmarkt- und Berufsforschung* (24), S. 1–8.

Diener, Katharina; Götz, Susanne; Schreyer, Franziska; Stephan, Gesine (2013b): Beruflicher Wiedereinstieg von Frauen nach familienbedingter Erwerbsunterbrechung. Befunde der Evaluation des ESF-Programms "Perspektive Wiedereinstieg" des Bundesministeriums für Familie, Senioren, Frauen und Jugend. Nürnberg: IAB (IAB-Forschungsbericht, 9/2013). Online verfügbar unter http://www.iab.de/185/section.aspx/Publikation/k130920301.

Döge, Peter; Behnke, Cornelia (2005): Auch Männer haben ein Vereinbarkeitsproblem. Ansätze zur Unterstützung familienorientierter Männer auf betrieblicher Ebene ; Pilotstudie - Endbericht. Berlin: IAIZ (Schriftenreihe / Institut für Anwendungsorientierte Innovations- und Zukunftsforschung e.V, Bd. 3).

Döge, Peter; Volz, Rainer (2002): Wollen Frauen den neuen Mann? Traditionelle Geschlechterbilder als Blockaden von Geschlechterpolitik. Sankt Augustin: Konrad-Adenauer-Stiftung (Zukunftsforum Politik, 47). Online verfügbar unter http://www.kas.de/wf/doc/kas_1088-544-1-30.pdf?060509101639.

Drasch, Katrin (2013): The re-entry of mothers in Germany into employment after family-related interruptions. Empirical evidence and methodological aspects from life course perspective. Zugl.: Erlangen-Nürnberg, Uni., Diss. ; 2013. Nürnberg (IAB-Bibliothek, 343).

Ehnis, Patrick (2009): Väter und Erziehungszeiten. Politische, kulturelle und subjektive Bedingungen für mehr Engagement in der Familie. Zugl.: Marburg, Univ., Diss. 2008. Sulzbach/Taunus: Helmer.

Elsas, Susanne; Wölfel, Oliver; Heineck, Guido (2013): Familienpolitik und Erwerbsrückkehr von Müttern. Eine Analyse mit Daten des Sozio-oekonomischen Panels (SOEP). In: Berufsrückkehr von Müttern : Lebensgestaltung im Kontext des neuen Elterngeldes. Opladen: Budrich, S. 103–137.

Geyer, Johannes; Haan, Peter; Spieß, Christa Katharina; Wrohlich, Katharina (2012): Elterngeld führt im zweiten Jahr nach Geburt zu höherer Erwerbsbeteiligung von Müttern. In: *DIW-Wochenbericht : Wirtschaft, Politik, Wissenschaft* 79 (9), S. 3–10. Online verfügbar unter http://www.diw.de/documents/publikationen/73/diw_01.c.393927.de/12-9-1.pdf.

Grunow, Daniela; Aisenbrey, Silke; Evertsson, Marie (2011): Familienpolitik, Bildung und Berufskarrieren von Müttern in Deutschland, USA und Schweden. In: *Kölner Zeitschrift für Soziologie und Sozialpsychologie : KZfSS* 63 (3), S. 395–430.

Institut für Demoskopie (Hg.) (2008): Familienmonitor 2008 - Repräsentative Befragung zum Familienleben und zur Familienpolitik. Allensbach. Online verfügbar unter http://www.bmfsfj.de/bmfsfj/generator/BMFSFJ/Service/Publikationen/publikationen,did=11 3006.html.

Klenner, Christina; Pfahl, Svenja (2008): Jenseits von Zeitnot und Karriereverzicht. Wege auf dem Arbeitszeitdilemma. Analyse der Arbeitszeiten von Müttern, Vätern und Pflegenden und Umrisse eines Konzeptes. Düsseldorf (WSI Diskussionspapier, 158).

Lamnek, Siegfried (2005): Qualitative Sozialforschung. Lehrbuch. 4., vollst. überarb. Aufl. Weinheim: Beltz PVU. Online verfügbar unter http://www.socialnet.de/rezensionen/isbn.php?isbn=978-3-621-27544-6.

Lamnek, Siegfried (2010): Qualitative Sozialforschung. Lehrbuch. 5., überarb. Aufl. Weinheim, Basel: Beltz.

Mayring, Philipp (2003): Qualitative Inhaltsanalyse. Grundlagen und Techniken. Dr. nach Typoskript, 8. Aufl. Weinheim, Basel: Beltz (UTB, 8229).

Mayring, Philipp (2016): Einführung in die qualitative Sozialforschung. 6., neu ausgestattete, überarbeitete Aufl. Weinheim: Beltz.

Mühling, Tanja; Rost, Harald (Hg.) (2007): Väter im Blickpunkt. Perspektiven der Familienforschung. 1. Aufl. Leverkusen: Budrich, Barbara.

Oberndorfer, Rotraut; Rost, Harald (2002): Auf der Suche nach den neuen Vätern. Familien mit nichttraditioneller Verteilung von Erwerbs- und Familienarbeit. Bamberg: Ifb (Ifb-Forschungsbericht, 5).

OECD (Hg.) (2005): Babies and Bosses - Reconciling Work and Family Life (Volume 4). Canada, Finland, Sweden and the United Kingdom. Paris: OECD Publishing. Online verfügbar unter : http://www.oecdobserver.org/news/archivestory.php/aid/1581/Babies_and_bosses.html, zuletzt geprüft am 21.01.2018.

Puchert, Ralf; Abril, Paco (Hg.) (Hg.) (2005): Work changes gender. Men and equality in the transition of labour forms. Opladen: Budrich.

Schmidt, Renate (Hg.) (2004): Familie bringt Gewinn. Innovation durch Balance von Familie und Arbeitswelt. Gütersloh: Verl. Bertelsmann-Stiftung.

Schweitzer, Rosemarie von (1991): Einführung in die Wirtschaftslehre des privaten Haushalts. Stuttgart: Ulmer (Uni-Taschenbücher Haushalts- und Sozialwissenschaften, 1595).

Statistisches Bundesamt (Hg.) (22.07.2008): Familienland Deutschland. Begleitmaterial zur Pressekonferenz. o.O. Online verfügbar unter https://www.destatis.de/DE/PresseService/Presse/Pressekonferenzen/2008/Familienland/Press ebroschuere_Familienland.pdf?__blob=publicationFile, zuletzt geprüft am 21.01.2016.

Statistisches Bundesamt (Hg.) (06.10.2016): Elterngeld regional: Höchste Väterbeteiligung in der thüringischen Stadt Jena. Nr. 357. o.O. Online verfügbar unter https://www.destatis.de/DE/PresseService/Presse/Pressemitteilungen/2016/10/PD16_357_229 22.html, zuletzt geprüft am 21.01.2016.

Sundström, Marianne; Duvander, Ann-Zofie (2002): Gender Division of Childcare and the Sharing of Parental Leave among New Parents in Sweden. o.O. (European Sociological Review, 4).

Tölke, Angelika (Hg.) (2005): Männer - das "vernachlässigte" Geschlecht in der Familienforschung. Wiesbaden: VS Verl. für Sozialwiss (Zeitschrift für Familienforschung Sonderheft, 4). Online verfügbar unter http://www.socialnet.de/rezensionen/isbn.php?isbn=978-3-531-14495-5.

Walter, Heinz (Hg.) (2002): Männer als Väter. Sozialwissenschaftliche Theorie und Empirie. Gießen: Psychosozial-Verl. (Forschung psychosozial).

Wippermann, Carsten (2016): Was junge Frauen wollen. Lebensrealitäten und familien- und gleichstellungspolitische Erwartungen von Frauen zwischen 18 und 40 Jahren. Berlin: Friedrich-Ebert-Stiftung.

Wrohlich, Katharina; Berger, Eva (2012): Studie Elterngeld-Monitor. Kurzfassung. 1. Aufl., Stand: März 2012. Berlin: BMFSFJ.

Ziefle, Andrea (2009): Familienpolitik als Determinante weiblicher Lebensverläufe? Die Auswirkungen des Erziehungsurlaubs auf Familien- und Erwerbsbiographien in Deutschland. Zugl.: Berlin, Freie Univ., Diss. 1. Aufl. Wiesbaden: VS Verlag für Sozialwissenschaften / GWV Fachverlage GmbH Wiesbaden. Online verfügbar unter http://dx.doi.org/10.1007/978-3-531-91735-1.

Zulehner, Paul M. (2004): Neue Männlichkeit - Neue Wege der Selbstverwirklichung. In: *Aus Politik und Zeitgeschichte : APuZ* (46), S. 5–12.

BEI GRIN MACHT SICH IHR WISSEN BEZAHLT

- Wir veröffentlichen Ihre Hausarbeit,
  Bachelor- und Masterarbeit

- Ihr eigenes eBook und Buch -
  weltweit in allen wichtigen Shops

- Verdienen Sie an jedem Verkauf

Jetzt bei www.GRIN.com hochladen
und kostenlos publizieren